KB148372

현대
한복패션의
발자취

설경 백영자 지음

현대
한복패션의
발자취

설경 백영자 지음

현대한복패션의 발자취

초판 1쇄 찍은 날 2006년 3월 17일
초판 1쇄 펴낸 날 2006년 3월 22일

지은이 백영자

펴낸이 조규향
펴낸곳 (사)한국방송통신대학교출판부
110-500 서울시 종로구 이화동 57번지
전화 | 영업 02-742-0954, 02-742-0951
편집 02-3668-4766
팩스 | 02-742-0956
출판등록 | 1982년 6월 7일 제1-491호
홈페이지 | http://wingsofknowledge.co.kr
http://press.knou.ac.kr

출판위원장 | 강승구
책임편집 | 김미란
제작 | 변수길

편집 | 삼중문화사
표지 | 프리스타일
인쇄 | 삼성인쇄(주)

ISBN 89-20-92055-9 93590
값 14,000원

머리말

한국복식에 대한 연구가 본격적으로 시작된 것은 1970년대부터라고 해도 과언이 아닐 정도로, 한국복식에 대한 연구는 다른 분야에 비해 역사가 짧은 개척분야입니다.

더구나 6 · 25전쟁 이후 우리 전통한복은 혼란 속에서 무분별하게 들어온 서구복식에 의해 위축되고 낡은 것으로 인식되어, 구시대의 노동복 정도로 여겨질 만큼 전락된 경향이 있었습니다.

필자는 이러한 시대상황을 배경으로, 1969년 이래 현재까지 한복패션의 현대화와 한국복식 이론연구에 전념하였습니다. 이 중 한복패션의 경우, 7년에 걸친 발표회, '88서울올림픽 개 · 폐회식의 고전공연의상 등 한복의 현대화를 위한 많은 작품활동을 해 왔으나 그에 대한 자세한 기록을 남기지 못하였습니다.

그러나 최근의 학계 추세는 광복 60주년을 계기로 한복패션의 현대화 노력을 재조명하고 그 특성을 살펴 21세기의 발전방향으로 삼고자 하는 것이 그 방향입니다.

이에 필자는 1970년대와 1980년대에 걸쳐 필자가 한복패션의 현대화를 위해 발표했던 시험작을 정리하여 작품집을 발간하고자 합니다. 또한 1999년부터 2003년까지 진행했던 컴퓨터 일러스트레이션을 통한 공동저자의 고증복식을 추가하려 합니다. 그럼으로써 한국의 패션 발전의 한 역사로 그 발자취를 남기고, 1970년~1980년대 한복패션의 현대화 성과가 미약했던 시기의 자료를 제공하여 한복패션의 역사적 정립에 기여하고자 합니다.

다만 남겨놓은 작품사진이 30여 년 묵은 낡고 빛바랜 스냅 사진뿐이어서 많이 선별하였음에도 불구하고 작품성이 잘 표현되지 못하였음이 유감입니다.

현대한복의 역사는 필자와 함께 앞으로도 희로애락을 함께 할 절친한 친구로 정보화시대를 선도해 나갈 것입니다.

2006년 03월

저 자

추천사

설경(雪敬) 백영자(白英子) 교수님은 한국방송통신대학교 가정학과에 1982년에 부임하신 이래로 가정학과의 발전과 제자양성에 남다른 열정을 쏟으셨습니다. 또한 한국복식의 발전을 위해 많은 노력을 해 오신 훌륭하신 학자로서 이번에 『현대한복 패션의 발자취』를 출간하셨습니다.

설경 백영자 교수님은 모든 일에 정열적이고 진취적이며 맡은 일을 책임있게 해 나가시는 분으로 알려져 있습니다. 백영자 교수님의 모습을 옆에서 지켜보면, 부임한 이래 25년이 지난 지금까지, 한결같이 자애로운 모습을 유지하면서도 때로는 엄한 질책으로, 가정학과를 이끌고 후진양성에 애써 오셨습니다. 또한 교수님은 잊혀져 가는 우리의 한복을 생활한복으로 응용하기 위해 많은 노력을 기울이셨습니다. 이런 신념은 이 분야의 저서와 괄목할 만한 연구논문을 70여 편이나 발표하신 업적에서도 여실히 드러납니다. 무엇보다도 백영자 교수님은 한국복식의 학문적 기틀을 잡아놓으셨으며, 이 분야의 학문적 방법론과 체계화를 위하여 많은 애를 쓰신 분으로 모두 인정을 하고 있습니다.

방송대 수업은 특성상 면대면 수업으로 진행되지 않기 때문에 수강생들과의 실질적 커뮤케이션이 어려운 점이 있습니다. 백 교수님은 늘 이런 점을 안타까워하셨고 이를 극복할 수 있도록 첨단매체 개발에도 많은 노력을 하셨습니다.

또한 백 교수님은 전국 10개 대학연합 한국가상캠퍼스에서 "한국복식" Best Teacher 상을 2001년과 2005년에 2차례에 걸쳐 수상하셨습니다. 그 외 KBS 문화강좌, KBS, EBS, OUN 한국복식 TV강의를 통해 한국복식의 일반화와 그 문화적 저변확대를 위하여 많은 노력을 하셨습니다. 교수님의 활동은 국내뿐 아니라 해외에까지 널리 영향을 끼쳤습니다. 1988년 서울올림픽을 개최하게 되었을 때, 개·폐회식 행사에 고전의상 디자이너로 위촉받아 열악한 당시 환경에도 불구하고, 설경 백 교수님은 무용의상을 직접 디자인함으로써 세계만방에 우리의 아름다운 전통

의상을 알리는 공로를 세우셨습니다. 또한 서울국제무용제에서 서울시립무용단의 의상 디자인을 맡으시는 등 왕성하게 창작활동을 계속 하셨습니다.

이번에 출간하신 『현대한복패션의 발자취』를 통하여 우리 한복이 서양과 동양의 문화적 교류가 있는 시점부터 과연 어떻게 변해 왔고 그 의미는 어떠한지를 잘 보여 줄 것으로 기대합니다. 의류학과 전공학도라면 누구라도 한 번씩 관심을 갖는 이 분야에 새로운 자양분이 될 것이며, 방송대 학생뿐만 아니라 이 분야에 관심을 두는 전국의 많은 학생들이 이 저서를 통해 많은 것을 배울 수 있을 것이라고 확신합니다.

2006년 03월

한국방송통신대학교 총장 조규향

설경(雪敬) 백영자 교수 연보

직위 : 한국방송통신대학교 가정학과 교수

주소 : 서울 강북구 수유6동 535-179

TEL : 02-3668-4642 FAX : 02-3668-4188

E-mail : seolkyoung@knou.ac.kr

URL : http://www.knou.ac.kr/~skyoung/

[학력]

1964~1968 서울대학교 가정학과 졸업 (가정학사)

1969~1971 서울대학교대학원 의류직물전공 석사과정 졸업 (의류직물학 석사)

1980~1985 이화여자대학교대학원 의류직물학과 박사과정 졸업 (문학박사)

[경력]

1971.03.~1987.08. 서울대학교, 한국방송통신대학교, 성균관대학교, 건국대학교, 상명여자대학교, 숙명여자대학교, 동국대학교, 국민대학교, 덕성여자대학교 학부 및 대학원 강사

1974.09.~1982.02. 덕성여자대학교 의상학과 교수

1982.03.~**현재** 한국방송통신대학교 교수

1992.05.~1994.04. 한국방송통신대학교 자연과학부 학부장

1998.10.~2001.02. 한국방송통신대학교 도서관 관장

2002.01.~**현재** 설경디자인연구소 소장

2003.03.~2004.02. 캐나다 U.B.C.(University of British Columbia(Canada), Centre for Korean Research, Institute of Asian Research) 객원교수

2005.04.~**현재** 문화재청 문화재위원

[학회활동]

1976～2000 한국의류학회 편집위원 및 이사

1996～2002 한국복식학회 감사, 편집위원 및 이사

1997～2002 한국 패션 비즈니스 학회 학술이사

2005～**현재** 한국복식학회 이사

2005～**현재** 한복문화학회 부회장

[주요저서]

- 『조선시대궁중복식(旗幟)』, 문화재관리국 문화공보부, 3인 이상 공저, 1981.
- 『궁중유물도록』, 문화공보부 문화재관리국, 3인 이상 공저, 1986.
- 『조선시대의 어가행렬』, 한국방송통신대학교 출판부, 1994.
- 『한국생활문화 100년』, 도서출판 장원, 3인 이상 공저, 1995.
- 『서양의 복식문화(개정판)』, 경춘사, 2인 공저, 1998.
- 『한국의 전통봉제』, 교학연구사, 2인 공저, 1999.
- 『몸치레』, 『금침』, 『한국 민속의 세계 제3권』, 고려대학교 민족문화연구원, 3인 이상 공저, 2001.
- 『한국복식의 역사』, 경춘사, 2인 공저, 2004.

[주요논문]

- 「조선시대문양을 중심으로 한 자수노리개 연구(석사학위논문)」, 『대한가정학회지』 10권 2호, 1972.
- 「우리나라 고(袴)에 관한 소고」, 『대한가정학회지』 11권 3호, 1973.
- 「가례도감을 통해 본 조선궁중법복(적의)의 변천」, 『한국의류학회지』 1권 2호, 1977.
- 「가례도감을 통해 본 조선궁중법복(적의)의 부수복식과 의대(露衣.長衫)에 관한 연구」, 『한국의류학회지』 2권 1호, 1978.
- 「한국복식의 기본구조와 미적 특성」, 『국제복식학회 Journal of the International Association of Costume』 No.1, 1984.
- 「우리나라 노부의위에 관한 연구—의장, 의례복의 제도 및 그 상징성을 중심으로(박사학위논문)」, 이화여자대학교 대학원, 1985.
- 「한국의 노부(어가행렬)」, 『국제복식학회 Journal of the International Association of Costume』 No.5, 1986.
- 「조선시대 노부(어가행렬)의례에 관한 연구—형식구조의 파악을 중심으로—」, 『한국의류학회지』 제13권 2호, 1989.
- 「악학궤범에 소재된 복식의 변천」, 『한국국악회 한국국악연구』 제21집, 1993.
- 「한국의복구성에 관한 연구-무용복을 중심으로」, 『한국방송통신대 논문집』 제17집, 1994.
- 「탐라순력도에 나타난 의장에 관한 연구」, 『탐라순력도 연구논총』, 제주시탐라순력도연구회, 2000.

– 「전통 혼례복 구성에 관한 연구」, 『한국방송통신대학교 논문집』 제3집.2000.

– *Chims & Chegori of 16th century look,* The International Costume Exhibition, Hotel Concorde La Fayette, Paris, France, 2001.

– *Traditional Korean Costumes, up to the Present and into the Future-Focusing on the Internationalization of the Traditional Korean Costume by Accentuating its Aesthetic Characteristics*, International Journal of Costume, Vol.4, June, 2004.

[창작활동]

□ 패션쇼

1979.05.～1986.05. 미국 목화아가씨(Maid of Cotton)초청 패션쇼

1980.11. The Interantional Fashion Group Inc. of Korea주최 패션쇼 (롯데호텔 크리스탈볼룸)

□ '88 서울올림픽 공식행사 디자인

1987.10.19. 제24회 서울올림픽대회 개 · 폐회식 행사의 고전의상 디자이너로 위촉

1988.09.10. 제24회 서울올림픽 개 · 폐회식 고전공연의상 디자인

1998.10. '88서울장애자올림픽 개 · 폐회식 공연의상 디자인

1998.09. 서울국제무용제 특별초청참가작품 '고리' (서울시립무용단) 의상디자인

[기타 활동]

1980. 한국방송공사제 제3TV KBS 문화강좌 "몸치레" 강연 (90분)

1985. 한국방송공사제 제3TV KBS 청소년문화강좌 "전통복식의 현대와의 조화" 강연 (90분)

1985. 한국방송공사제 제3TV "전통복식의 재현" 고증강연

1989. 한국방송공사제 제3TV KBS 문화강좌 "한국의 어가행렬" 강연

1999. "역사스페셜" 출연 및 자료제공(11월 27일 방영) : KBS

[수상 및 표창]

1976. 9. 제 14회 동아공예대전 '우리옷' 입상(동아일보사 주최)

1989. 4. 서울올림픽대회 조직위원회(위원장 박세직)로부터 표창장(공연의상디자인) 수여(1220호)

1995. 4. 문화체육부 우수도서 『조선시대 어가행렬』 한국방송통신대학교 출판부

1999. 8. 교육부 원격대학프로그램운영 우수 콘텐츠(한국복식) 선정

2001. 10. 한국가상캠퍼스(전국 10개 대학 연합 : 경북대, 경성대, 경희대, 광운대, 대구대, 이화여대, 전남대, 한림대, 한양대, 방송대) Best Teacher상 1차 수상(한국복식)

2005. 10. 한국가상캠퍼스, Best Teacher상 2차 수상(한국복식문화)

Contents

차 례

제1부 패션쇼를 위한 창작의상

1. 현대한복 패션쇼(1970년대 : 1974～1980) ····· 2
1) 채염의상 / 3
(1) 동아공예대전 입상작 '우리옷' / 3
(2) 『여성중앙』 화보 '새 감각의 야회복' / 4
(3) 채염의상 / 6
2) 생활한복 / 26
(1) 캐쥬얼웨어(통학복) / 26
(2) 나들이옷과 명절복 / 28
3) 웨딩드레스와 혼례복 / 38
(1) 웨딩드레스 / 38
(2) 혼례복 / 46
4) 미래지향적 디자인 / 48
(1) 페이퍼(Paper) 의상 / 48
(2) 이브닝웨어 / 50
(3) 고대의 향기 / 54
(4) 무대의상 / 59

2. 국제패션그룹 한국지부(The Fashion Group Inc. Korea Regional Group) 자선 패션쇼(1980) ····· 64
(1) 채염의상 Ⅰ / 66
(2) 채염의상 Ⅱ / 68
(3) 채염의상 Ⅲ / 70

3. 목화아가씨(Maid of Cotton) 초청 패션쇼(1979～1986) ····· 72
(1) '79 목화아가씨 코튼 의상발표회 / 73
(2) '80 목화아가씨 코튼 의상발표회 / 74
(3) '81 목화아가씨 코튼 의상발표회 / 75
(4) '82 목화아가씨 코튼 의상발표회 / 78
(5) '83 목화아가씨 코튼 의상발표회 / 82
(6) '84 목화아가씨 코튼 의상발표회 / 86
(7) '85 목화아가씨 코튼 의상발표회 / 90
(8) '86 목화아가씨 코튼 의상발표회 / 96

제2부 '88 서울올림픽 고전공연의상

1. '88 서울올림픽 개 · 폐회식 고전공연의상 100

1) 개회식 / 101

(1) 좋은 날(태평성대) / 101

① 화관무(활옷) 의상 디자인화 / 102

② 가인전목단(황초삼) 의상 디자인화 / 104

③ 가인전목단(색동녹초삼) 의상 디자인화 / 105

④ 무동의(단령) 의상 디자인화 / 108

2) 폐회식 / 110

(1) 우정 / 110

① 상모춤 의상 디자인화 / 110

(2) 회상(빛과 소리) / 112

① 바라춤 의상 디자인화 / 112

② 부채춤 의상 디자인화 / 114

(3) 떠나는 배 / 116

① 청삼 디자인화 / 116

② 깃발 의상 디자인화 / 118

(4) 올림픽기 인도무 / 122

① 장고춤 의상 디자인화 / 122

(5) 등불의 안녕 / 126

① 도령 의상 디자인화 / 126

② 규수 의상 디자인화 / 127

2. 고리 ('88 서울국제무용제 ; 서울시립무용단) 130

(1) 소희(여자주인공) 의상 / 132

(2) 한무(남자주인공) 의상 / 133

(3) 군상의 여자들 / 134

제3부 전통복식의 재현

1. 출토복식의 재현(1978) ······ 136

(1) 경기도 시흥군 과천면 막계리 출토(청주 한씨) / 136

(2) 충청북도 청주 청원군 북일면 초정리 출토(구례 손씨) / 140

(3) 충청북도 청주 청원군 북일면 외남리 출토(순천 김씨) / 142

2. 궁중복식의 재현(1974～1980) ······ 144

(1) 왕비법복 '적의' / 144

(2) 황원삼 / 146

(3) 활옷 / 147

(4) 당의 / 148

(5) 장옷 / 149

3. 전통복식의 재현(1985) ······ 150

(1) 면복 / 150

(2) 황곤룡포와 황원삼 / 151

(3) 금관조복 / 152

(4) 조선 초 · 중기의 막계리 출토 청주 한씨 출토복식 재현 / 153

(5) 도포 / 154

(6) 조선 후기 여자복식 / 155

(7) 혼례복 / 156

제4부 고증 일러스트레이션

1. 통일신라 복식 고증 일러스트레이션(1982) ······ 160

(1) 왕 / 160
(2) 왕비 / 161
(3) 원화 / 162
(4) 문관과 무관 / 163
(5) 악공 / 164
(6) 화랑 / 165
(7) 서당 / 165
(8) 일반 남녀복식 / 166
(9) 처용무복 / 167

2. "옛사람들" 고증 일러스트레이션(1999) ······ 168

1) 고구려 / 168
(1) 고구려 왕비와 시녀 / 168
(2) 고구려 왕 / 169
(3) 고구려 태자 / 170
(4) 고구려 공주 / 171
(5) 고구려 무동 / 172
(6) 고구려 무사 / 173

2) 신라 / 174
(1) 신라 여왕 / 174
(2) 통일신라 무희 / 175

3) 고려(918~1392) / 176
(1) 고려 왕비 / 176
(2) 고려 왕 / 177
(3) 노국 공주 / 178
(4) 고려 귀부녀(외출복) / 179

3. 조선시대 복식 고증 일러스트레이션(2004) ······ 180
1) 조선의 기녀복식 / 180
(1) 조선 초기의 기녀 / 180
(2) 조선 초 · 중기 기녀의 겨울옷 / 181
(3) 조선 초 · 중기 기녀의 평상복 / 182
(4) 조선 후기의 기녀 / 183
(5) 조선 말기의 기녀 / 184
2) 조선의 왕비복식 / 185
(1) 자적원삼 / 185

제 1 부

패션쇼를 위한 창작의상

1. 현대한복 패션쇼(1970년대 : 1974~1980)

1970년대에는 산업구조의 변화에 따라 대량생산과 대량소비의 경향이 나타났다. 이에 따라 기성복에 대한 수요가 크게 늘어나면서 노인이나 주부들이 가정 내에서 착용하던 한복마저 벗어 버리고 양장으로 바꾸어 입었다. 이때부터 한복은 전통의상으로 취급되어 생활의복으로서의 자리를 양장에 내어주게 되었다.

당시에는 또한 섬유산업이 수출전략산업이 되어 내국인을 위한 실크가 귀한 시절이었다. 대부분이 네댓 가지의 단색 합성직물로 이불을 만들고 한복을 지어 입었다. 이들 단색 합성직물로는 작품성이 있는 한복을 만들기 어려워서 채염한복을 만들기로 작정하였다. 그때에는 정련이 완벽하지 않은 소색실크 몇 마가 왜 그렇게 소중했던지…

또한 그 무렵에는 박정희 대통령에 의해 사치풍조를 근절시키기 위한 시도가 있었기 때문에, 막 일어나기 시작한 패션쇼를 부정적으로 보는 시각도 있었다.

그럼에도 불구하고 보다 고급스럽고 우아한 채염한복을 만들기 위해서 대형 수틀을 맞추어 연구실 가득히 펼쳐 놓고 작품을 만들다 늦어져 통행금지 사이렌이 울릴 때 겨우 집대문을 넘어서던 일, 바쁜 엄마 대신 아이들을 데리고 식당을 전전하며 끼니를 해결해 주던 나의 남편, 가을에 개최하는 패션쇼 준비 때문에 은행잎이 노랗게 물드는 것을 10년 가까이 보지 못했던 일 등등 여러 가지 일들이 잔잔한 감동과 함께 주마등같이 떠오른다.

1) 채염의상

(1) 동아공예대전 입상작 '우리옷'

■ 시스루(see-through)의 감각이 있는 그린색 노방주에 러닝 스티치로 무늬를 자수한 후 가벼운 염색을 해 준 한복이다. 동아일보, 동아방송에서 주최한 제14회 동아공예대전 한국전통공예 창작 공모에서 입상한 작품이다.

1-1

1-2

디자인 및 자수, 염색 : 백영자 **(1976. 9. 1)**

(2) 『여성중앙』 화보 '새 감각의 야회복'

여성중앙 창간 7주년 기념 권두특집 '아름다운 우리옷' 에 실린 작품

- **왼쪽** : 샛노란 시폰을 사용하여 아코디온 주름을 잡아 치마를 만들고 같은 색 깃털숄을 염색하여 매치하였다.
- **오른쪽** : 흰 실크의 치마와 숄에 물빛 장미무늬를 대담하게 염색한 파티용 정장이다.

1-3

디자인 및 염색 : 백영자 **(1977)**

■ **왼쪽** : 심청색 바탕에 큼직한 원형무늬가 환상적인 느낌을 준다. 치마저고리에 같은 감각의 무늬가 조화를 이루고 있다.

■ **오른쪽** : 흰 실크에 분홍 연꽃잎을 현대감각으로 처리하였다.

1-4

디자인 및 염색 : 백영자 **(1977)**

(3) 채염의상

■ 실크로 된 흰색 바탕의 치마 전체에 덩굴장미를 그린 뒤 바탕을 처리한 채염의상

1-5

디자인 및 염색 : 백영자 (1977)

■ 치마단과 숄에 포인트를 둔 채염의상

1-6

1-7

디자인 및 염색 : 백영자 **(1975)**

1-8

■ 치마저고리와 두루마기를 그린 계열로 무늬염색한 채염한복

1-9

디자인 및 염색 : 백영자(1976)

1-10

1-11

■ 튤립을 오렌지 계열로 채색한 치마저고리와 두루마기

1-12

1-13

디자인 및 염색 : 백영자 **(1975)**

■ 홀치기염으로 태양무늬를 염색하고 쓰개치마를 조화시킨 채염한복

1-14

디자인 및 염색 : 백영자 (1974)

1-16

1-15

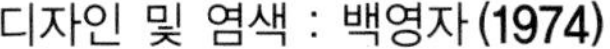

디자인 및 염색 : 백영자 **(1974)**

1-17

■ 수련을 테마로 염색한 치마와, 같은 무늬를 반복하여 조화를 이룬 천의

1-18

디자인 및 염색 : 백영자(1978)

1-19

디자인 및 염색 : 백영자 **(1978)**

1-20

■ 꽃무늬를 페인팅한 시폰한복, 약혼복으로 사용해도 아름답다.

1-21

디자인 및 염색 : 백영자(1975)

1-22

1-23

디자인 및 염색 : 백영자 (1975)

■ 노방에 자유로운 무늬를 표현한 채염한복

1-24

디자인 및 염색 : 백영자 **(1976)**

■ 시폰바지와 합성공단에 난초를 페인팅한 두루마기. 칵테일파티 등에 어울리는 디자인이다.

1-25

디자인 및 염색 : 백영자 **(1976)**

■ 시폰에 난초를 페인팅한 이브닝웨어 ; 모델 박정옥

1-26

디자인 및 염색 : 백영자 (1974)

1-27

디자인 및 염색 : 백영자(1974)

■ 저고리와 치마에 수선화를 페인팅한 명절복

1-28

디자인 및 염색 : 백영자(1975)

■ 가벼운 시폰이 바람에 흩날리는 형상의 꽃무늬를 넣은 채염한복

1-29

디자인 및 염색 : 백영자(1974)

■ 현대적 감각의 파도문을 표현한 채염한복과 가벼운 깃털숄 ; 모델 박정옥

1-30

디자인 및 염색 : 백영자 **(1975)**

1-31

디자인 및 염색 : 백영자 **(1975)**

1-32

■ 연꽃 모양을 핸드페인팅한 채염한복과 깃털숄

1-33

디자인 및 염색 : 백영자(1974)

1-34

디자인 및 염색 : 백영자 (1974)

1-35

2) 생활한복

(1) 캐주얼웨어(통학복)

■ 타월지에 민화에 나오는 호랑이와 잉어를 실크스크린한 캐주얼웨어

1-36

디자인 및 염색 : 백영자(1975)

■ 꽃무늬 면 프린트 직물을 치마로 활용하고, 흰색 아사로 적삼을 만들어 매치시킨 실용적인 생활한복

당시 사용하던 버스토큰을 넣을 수 있도록 염낭 목걸이를 걸어 주어 실용성을 강조하였다.

1-38

디자인 및 염색 : 백영자 **(1976)**

1-37

디자인 및 염색 : 백영자 **(1976)**

(2) 나들이옷과 명절복

■ **왼쪽** : 노방에 동색 계열의 꽃무늬를 잔잔하게 수놓은 나들이옷
■ **오른쪽** : 모시에 자수와 뿌리기염을 활용하여 그라데이션 효과를 낸 여름용 나들이옷

1-39

디자인 및 자수 : 백영자 **(1975)**

1-40

디자인 및 자수 : 백영자 **(1977)**

■ 모시에 수를 놓은 나들이옷

1-41

디자인 및 자수 : 백영자(1976)

■ 검은 공단에 눈의 결정체 같은 흰꽃을 수놓은 한복

1-42

디자인 및 자수 : 백영자 **(1979)**

■ 백제 왕릉에서 출토된 금관과 연꽃 문양을 수놓은 한복과 토시

1-43

디자인 및 자수 : 백영자 **(1976)**

■ 저고리와 숄(스킬자수)의 꽃무늬를 조화시킨 나들이 한복

1-44

1-45

디자인 및 자수, 스킬 : 백영자 (1977)

■ 한복에 최초로 화려한 나비를 수놓은 것으로, 당시 유명 연예인들이 입었고, 여성잡지 화보에도 다수 실린 인기 있었던 작품

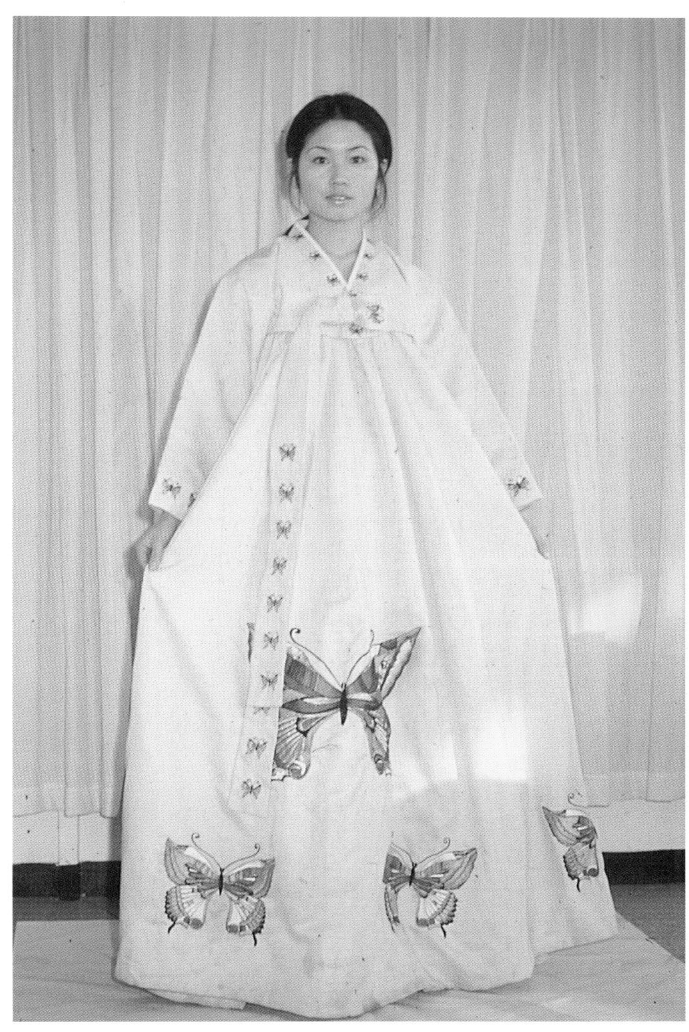

1-46

디자인 및 자수 : 백영자 **(1974)**

■ 꽃과 새를 수놓은 치마저고리와 아얌

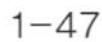

1-47 디자인 및 염색 : 백영자 (1979)

1-48 디자인 및 염색 : 백영자 (1979)

■ 공작새를 수놓은 치마저고리와 염낭

1-49

디자인 및 염색 : 백영자 **(1978)**

■ 색동 치마저고리와 두루마기를 조화시킨 나들이 한복

1-50

디자인 : 백영자 **(1974)**

1-51

■ 민화에 등장하는 모란꽃을 수놓은 한복

1-52

1-53

디자인 및 자수 : 백영자 **(1977)**

3) 웨딩드레스와 혼례복

(1) 웨딩드레스

■ 합성시폰을 뒤에 끌리도록 재단한 뒤 아코디온 주름을 열세팅하여 만들고, 여기에 무지갯빛 도는 흰색 스팽글을 달았다. 머리쓰개에는 사방에 흰 구슬줄을 드리워 신비로운 분위기를 자아낸다.

1-54

디자인 : 백영자 **(1976)**

1-55

1-56

디자인 : 백영자(1976)

■ 흰 바탕에 활옷 문양을 수놓고 진주로 라인을 살린 웨딩드레스.
머리는 떠구지머리(큰머리)에 떨잠 장식을 하였다.

1-57

디자인 및 자수 : 백영자(1977)

1-58

디자인 및 자수 : 백영자(1977)

1-59

■ 원삼 형태에 흰 깃털 장식을 한 웨딩드레스

1-60 

디자인 : 백영자 **(1978)**

1-61

디자인 : 백영자 **(1978)**

1-62

■ 반투명한 흰 노방에 흰색 자수로 입체감을 살리고 스팽글 장식을 한 시스루(sea-through) 원삼 형태의 웨딩드레스

1-63

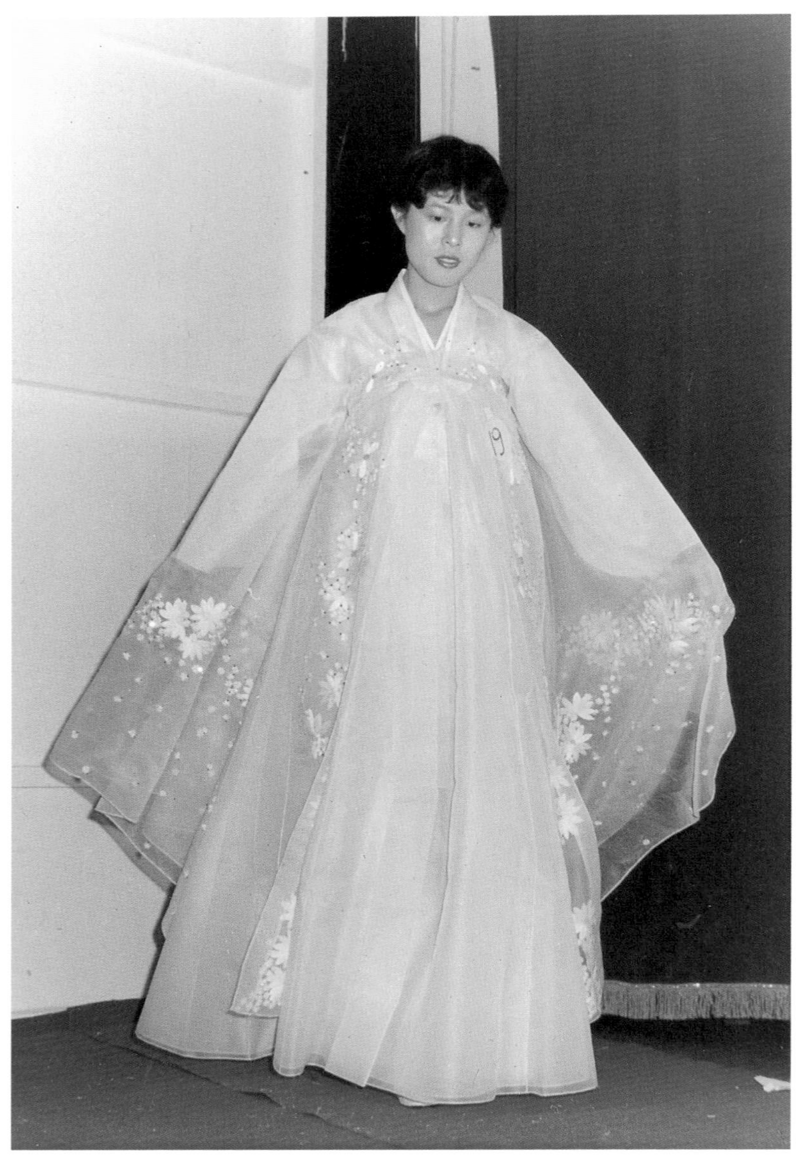

디자인 및 자수 : 백영자 **(1975)**

1-64

디자인 및 자수 : 백영자**(1975)**

(2) 혼례복

■ 전통혼례복디자인 원삼(오른쪽)과 활옷(왼쪽)

1-65

디자인 : 백영자 **(1979)**

1-66

■ 녹원삼(왼쪽)과 활옷(오른쪽)

1-67

디자인 : 백영자 **(1979)**

4) 미래지향적 디자인

(1) 페이퍼(Paper) 의상

■ 크레이프지로 치마저고리를 만든 일회용 페이퍼 의상

1-68

디자인 : 백영자 **(1974)**

■ **왼쪽** : 한지로 태양 무늬를 살린 페이퍼 의상
■ **오른쪽** : 한지로 조촐한 식물열매 문양을 살린 페이퍼 의상

1-69

디자인 : 백영자 **(1975)**

1-70

디자인 : 백영자 **(1976)**

(2) 이브닝웨어

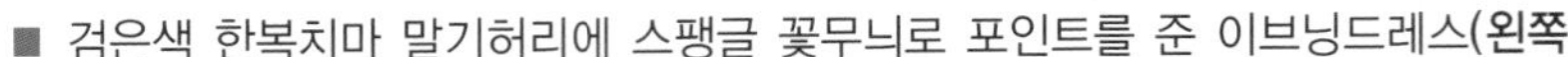

■ 검은색 한복치마 말기허리에 스팽글 꽃무늬로 포인트를 준 이브닝드레스(**왼쪽**)

1-71

디자인 : 백영자 **(1976)**

■ 시스루(see-through) 시폰의 치마저고리와 소매 넓은 포에 금박으로 장식한 이브닝드레스

1-72

1-73

디자인 : 백영자 **(1976)**

■ 아코디온 주름을 잡은 치마저고리와 깃털숄

1-74

디자인 : 백영자 (1974)

1-75

디자인 : 백영자 **(1974)**

(3) 고대의 향기

■ 신라 왕관과 용무늬 금박을 한 포를 입은 고대풍의 무대의상

1-76

1-77

디자인 : 백영자 (1979)

■ 고구려풍의 긴저고리와 치마

1-78

디자인 : 백영자 **(1979)**

■ 고구려풍의 저고리, 치마, 바지, 조우관의 현대적 디자인

1-79

디자인 및 자수 : 백영자 (1976)

1-80

디자인 및 자수 : 백영자 **(1976)**

1-81

■ 고구려풍의 포를 채염하여 조화시킨 파티드레스

1-82

디자인 및 염색 : 백영자 (1979)

1-83

(4) 무대의상

■ 강렬한 색감으로 파도문을 염색한 치마저고리와 몽수 ; 모델 박정옥

1-85

디자인 및 염색 : 백영자 (1979)

1-84

■ 뿌리기염을 활용하여 푸른색의 바지, 치마, 쓰개를 디자인한 이브닝드레스

1-86

디자인 및 염색 : 백영자 (1976)

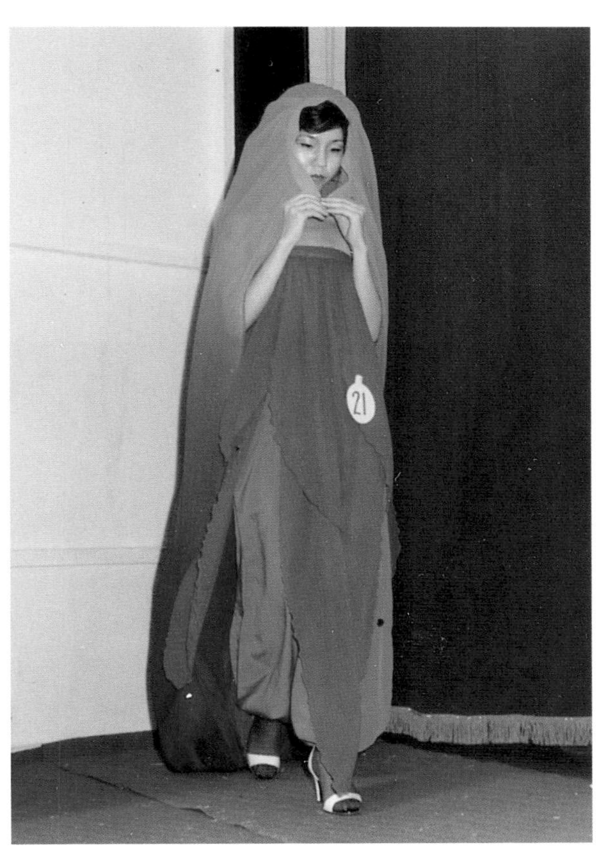
1-87

1-88

디자인 및 염색 : 백영자 (1976)

■ 연꽃무늬를 그려 염색한 전모와 2층치마 '수련'

1-89

디자인 및 염색 : 백영자(1978)

1-90

■ 용무늬를 대담하게 그리고 스팽글로 장식한 무대의상 '비룡'

1-92

디자인 및 염색 : 백영자 **(1978)**

1-91

2. 국제패션그룹 한국지부(The Fashion Group Inc. Korea Regional Group) 자선 패션쇼(1980)

1-93

FASHION SHOW 자선패션쇼

출품

강 숙희
꺄르벤 · 정
김 매자
김 선자
김 정복
김 혜숙
김 화숙
김 희
김 희자
김 희진
모니카 · 배
박 동준
박 성혜
박 혜숙
백 영자
설 윤형
유 리지
유 춘순
윤 혜진
이 경숙
이 광희
이 신우
이 인호
이 지연
이 호정
임 지은
임 현숙
정 경옥
조 귀남
천 해성
최 현묵
트로아 · 조
프랑소와즈

사회

김동건

모델

권 정희
김 아현
루 비나
박 정옥
유 기복
유 혜영
윤 영실
이 동화
이 숙영
이 희재
임 선영
진 정아
한 명수

1-94

(1) 채염의상 Ⅰ

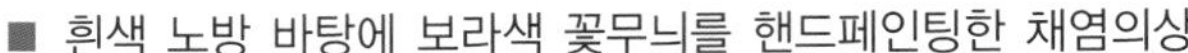

■ 흰색 노방 바탕에 보라색 꽃무늬를 핸드페인팅한 채염의상

1-95

디자인 및 염색 : 백영자(1980)

■ 난초를 핸드페인팅한 파티드레스

1-96

디자인 및 염색 : 백영자(1980)

1-97

(2) 채염의상 II

■ 봄 기운이 느껴지는 꽃너울을 표현한 채염의상

1-98

디자인 및 염색 : 백영자(1974년 창작, 1980년 자선 패션쇼 발표)

1-100

디자인 및 염색 : 백영자(1980)

1-99

(3) 채염의상 III

■ 홀치기염으로 대담한 원형무늬를 살린 채염의상

1-101

디자인 및 염색 : 백영자 (1980)

1-102

1-104

디자인 및 염색 : 백영자 (1980)

1-103

3. 목화아가씨(Maid of Cotton) 초청 패션쇼 (1979~1986)

優良綿製品 標示 (코튼 마크)

코튼마크 使用승인된 綿製品은 品質向上과 消費者 保護를 위한 優良綿製品 品質 確認基準에 合格한 우량품에 限합니다.

綿製品을 사실때 코튼마크를 확인하시면 安心하고 保障된 純綿製品을 購入할 수 있읍니다.

■ 100% all cotton을 상징하는 Final

1-105

(1) '79 목화아가씨 코튼 의상발표회

■ 흰색 노방에 난초 문양을 핸드페인팅하고 안감은 공단을 넣은 우아한 한복을 입은 '79 목화아가씨

1-106

디자인 및 염색 : 백영자 **(1979)**

(2) '80 목화아가씨 코튼 의상발표회

■ 흰 파도문을 대담하고 역동적으로 염색한 치마저고리와 쓰개치마를 입은 '80 목화아가씨 Melissa Mock

1-107

디자인 및 염색 : 백영자 **(1980)**

(3) '81 목화아가씨 코튼 의상발표회

COTTON FASHION SHOW

' 81 Maid of Cotton
성명 : Karie Ross
나이 : 21세
신장 : 171.5cm
Hair : Blonde
Eye : Blue
학력 : 오크라 호마대 신문방송과 4년
가족 : 양친 (석유회사경영) 및 남동생

기 획 : 대한방직협회판촉부
연 출 : 배 천 범
사 회 : 변 웅 전
음 악 : 조 문 형
조 명 : 윤 재 덕
안 무 : 이 숙 영
무대미술 : 주 규 선
그래픽디자인 : 아뱅 (박정후)
협 찬 : 엘칸토
한 복 : 백 영 자

■ 아름다운 붉은 색조의 꽃무늬채염을 한 저고리와 단색의 빨강색치마를 입은 '81 목화아가씨 Karie Ross

1-109

디자인 및 염색 : 백영자 **(1981)**

1-110

디자인 및 염색 : 백영자 **(1981)**

(4) '82 목화아가씨 코튼 의상발표회

■ '82 목화아가씨 Jann Carl

1-111 

디자인 및 염색 : 백영자 (1982)

COTTON FASHION SHOW

연 출	사 회	음 악	무대미술
배 천 범	변 웅 전	하 용 수	박 영 대
조연출	안 무	조 명	그래픽디자인
진 성 모	김 기 인	하 석 진	이 항 주
한 복	협 찬	협 찬	협 찬
백 영 자	엘 칸 토	회 전 니 트	태평양화학

목화아가씨 코튼 의상 발표회

'82.4월7일(수) 오후2시.7시/문화체육관

주최/대한방직협회 후원/(株)文化放送

1-112

■ 노랑색을 기초로 하여 핸드페인팅한 한복을 입은 '82 목화아가씨 Jann Carl

1-113

디자인 및 염색 : 백영자(1982)

1-114

디자인 및 염색 : 백영자(1982)

(5) '83 목화아가씨 코튼 의상발표회

■ '83 목화아가씨 Janie Taylor

1-115

디자인 및 염색 : 백영자 (1983)

’83

COTTON FASHION SHOW

연 출	사 회	음 악	무대미술
배 천 범	변 웅 전	하 용 수	박 영 대
조연출	안 무	조 명	그래픽디자인
진 성 모	김 기 인	하 석 진	이 항 주
한 복	협 찬	협 찬	협 찬
백 영 자	엘 칸 토	회 전 니 트	태평양화학

’83년4월13일(수) 오후2시.7시/문화체육관/주최:대한방직협회.

목화아가씨 코튼 의상 발표회

1-116

■ 보라색꽃이 무리지어 핀 모습을 나타낸 한복을 입은 '83 목화아가씨 Janie Taylor

1-117

디자인 및 염색 : 백영자(1983)

1-119

1-118

디자인 및 염색 : 백영자(1983)

(6) '84 목화아가씨 코튼 의상발표회

COTTON
綿100%

'84 COTTON FASHION SHOW

총연출	사회	음악
배 천 범	김 동 건	하 용 수
무대미술	무대연출	조 명
박 영 대	이 재 연	하 석 진

'84. 4. 21 (토) 오후2시, 오후7시 ●문화체육관 ●주최:대한방직협회

목화아가씨 코튼 의상 발표회

1-120

■ '84 목화아가씨 Valerie Bendall의 한복에 대한 감사편지

Professor Paik
c/o Spinners and Weavers
Association of Korea
K.P.O. Box 398
Seoul, Korea

Dear Professor Paik, April 27, 1984

Thank you so much for the beautiful traditional Korean dress. I love it and it will always remind me of my visit to your country.

My visit to Korea was both memorable and exciting and your handiwork helped make it that way. Thank you!

Sincerely,
Valerie Bendall

1-121

1984. 4. 27

백 교수님

아름다운 한복을 선물해 주셔서 대단히 감사합니다.

제가 정말 좋아하고 있고 그 선물은 저의 한국 방문을 항상 생각나게 합니다.

저의 한국 방문은 추억에 남고 가슴 벅찬 것이었고, 백 교수님의 솜씨와 재주가 그렇게 만들어 주는 데 도움을 주었습니다. 대단히 감사합니다.

Valerie Bendall 올림

■ '84 목화아가씨 Valerie Bendall

1-122

디자인 및 염색 : 백영자 **(1984)**

1-123

디자인 및 염색 : 백영자 (1984)

(7) '85 목화아가씨 코튼 의상발표회

■ '85 목화아가씨 Michelle Pitcher

1-124

기 획
대한방직협회판촉부

총연출	사 회	음 악	무대미술
배 천 범	김 동 건	문 웅 희	박 영 대
연 출	조 명	한 복	비디오프로젝트
이 재 연	최 만 준	백 영 자	성 훈 경

●1985년 4월 17일(수) 오후 2시, 오후 7시 ●문화체육관 ●주최:대한방직협회

목화아가씨 코튼의상발표회

1-125

■ 코발트색과 노랑색을 대조시켜 염색한 치마저고리를 입은 '85 목화아가씨 Michelle Pitcher

1-126

디자인 및 염색 : 백영자 (1985)

1-127

디자인 및 염색 : 백영자**(1985)**

1-128

1-129

디자인 및 염색 : 백영자 (1985)

1-130

1-133

1-132

1-131

디자인 및 염색 : 백영자(1985)

(8) '86 목화아가씨 코튼 의상발표회

COTTON 綿100%

'86
COTTON
FASHION
SHOW

기 획/대한방직협회판촉부
사 회/김 동 건
조 명/최 만 준
영 상/이 정 선
컴퓨터그래픽/김 택 기

연 출/이 재 연
무 대/서보종합디자인
멀티조명/성 훈 경
음 악/임 영 규

총연출/배 천 범
음 악/문 웅 희
안 무/이 성 문
그래픽/이 영 식
메이크업/박 정 훈
(태평양화학)

목화아가씨 코튼의상발표회

●일시 : '86년 4월 17일(목) 오후 2시 · 7시 ●장소:문화체육관 ●주최:대한방직협회

1-134

■ '86 목화아가씨 Sherri Moegle

1-135

디자인 : 백영자 **(1986)**

목화아가씨 인사 / Maid of Cotton
한 복 백 영 자

OPENING

박	윤	수
작	품	명
1	A B C D E F G H I J K L	Minimal Art I (MOC)
2	A B C D E F G H I J K L	Minimal Art II
3	A B C D E F G H I J K L	Minimal Art III

설	윤	형
작	품	명
1	A B C D E F G H I J	Composition I
2	A B C D E F G H I J	Composition II (MOC)
3	A B C D E F G H I	Composition III
4	A B C D E F G H I J K L	Composition IV

1-136

제 2 부

'88 서울올림픽 고전공연의상

1. '88 서울올림픽 개 · 폐회식 고전공연의상

서울올림픽대회 조직위원으로부터 표창장(제1220호) 수여받음

1988년에 개최된 서울올림픽의 개회식과 폐회식 공식행사 중 고전공연에 해당하는 무용의상을 디자인한 것이다.

개회식 제작스태프

GAMES OF THE
XXIVTH OLYMPIAD
SEOUL 1988

제작상임위원

무 용	한양순
기 획	이어령
기 획	김문환
음 악	이강숙
미 술	변종하
기 술	이상수

식전전문위원회

박용구	최열곤	권명광
이경문	최정호	박대순
이동규	이상운	배천범
이정석	강선영	유희경

의상디자인

고전공연의상	백영자
고전공식의상	신난숙
현대공연의상	김 희
현대공식의상	진태옥

화관무

안무총괄	김백봉
작 곡	김희조
협동안무	문인숙
	김현숙

혼돈

안무총괄	송 범

폐회식 제작스태프

GAMES OF THE
XXIVTH OLYMPIAD
SEOUL 1988

제작상임위원

한양순	이어령	김문환
이강숙	변종하	이상수

식전전문위원회

박용구	조경희	권명광
이경문	최정호	박대순
이동규	이상운	배천범
이정석	강선영	유희경
이종덕	김경수	정희자
이종택	이두현	강민호
이중환	이상일	강영국
이흥주	김희조	김정흠
이해랑	이상만	박한규
장병조	한만영	이병호

의상디자인

고전공연의상	백영자
고전공식의상	신난숙
현대공연의상	김 희
현대공식의상	진태옥

오작교 다리놓기

안무총괄 홍성규

빛과 소리－부채춤과 바라춤

안무총괄	정재만
협동안무	손경순
작 곡	이종구

2-1

1) 개회식

(1) 좋은 날(태평성대)

화려하고 격조 높은 고전무용으로 태평성대와 축제분위기를 상징한다. 붉은 트랙 위에 노란꽃, 연두꽃이 피는 형상(가인전목단), 필드 내에 무동, 원삼, 활옷의 3그룹(group)이 모두 모란꽃가지를 손에 든다. (안무 : 김백봉)

■『제24회 서울올림픽대회 공식보고서』제2권 p.25

2-2

① 화관무(활옷) 의상 디자인화

2-3

디자인 : 백영자 **(1988)**

■ 한삼을 뿌리며 궁중무용인 화관무를 추는 모습(『제24회 서울올림픽대회〈개회식〉』 p.32)

2-4

의상디자인 : 백영자(1988)

■ 전통적인 한국춤의 멋과 우아함을 살린 화관무를 추는 장면(『서울 1988〈서울올림픽 공식기념 화보집〉』 p.49)

2-5

의상디자인 : 백영자(1988)

② 가인전목단(황초삼) 의상 디자인화

2-6

디자인 : 백영자(1988)

③ 가인전목단(색동녹초삼) 의상 디자인화

2-7

디자인 : 백영자 (1988)

■ 황초삼을 입고 춤추는 모습(『서울 1988〈서울올림픽 공식기념 화보집〉』)

2-8

의상디자인 : 백영자 **(1988)**

■ 가인전목단을 추는 모습(『서울 1988〈서울올림픽 공식기념 화보집〉』 p.46)

2-9

의상디자인 : 백영자 **(1988)**

■ 중앙에 활짝 핀 모란화준(꽃병)을 놓고 녹초삼을 입고 가인전목단을 추는 모습(『제24회 서울올림픽대회〈개회식〉』 p.33)

2–10

의상디자인 : 백영자 **(1988)**

④ 무동의(단령) 의상 디자인화

2-11

디자인 : 백영자 **(1988)**

■ 태평성대무(『제24회 서울올림픽대회 공식보고서』 제1권 p.411)

2-12

의상디자인 : 백영자(1988)

2) 폐회식

(1) 우정

우정을 나누는 흥겨우면서 정겨운 분위기의 연출로서 장상모와 단상모가 경기장 필드 중앙에서 배뒤집기를 하며 곡예를 한다. 행전 친 바지저고리와 반비, 언밸런스의 수대를 입는다. (안무 : 김정자)

① 상모춤 의상 디자인화

2-13

디자인 : 백영자 (1988)

■ 상모춤 의상을 입고 폐회식에서 공연하는 모습(『제24회 서울올림픽대회〈폐회식〉』 p.8)

2-14

의상디자인 : 백영자 **(1988)**

■ 상모춤 의상을 입은 폐회식 공연모습(『제24회 서울올림픽대회〈폐회식〉』 p.9)

2-15

의상디자인 : 백영자 **(1988)**

(2) 회상(빛과 소리)

① 바라춤 의상 디자인화(첨단적이고 충격적인 분위기 연출)

2-16

디자인 : 백영자 (1988)

■ 『서울 1988(서울올림픽 공식기념 화보집)』 p.195

2-17 

의상디자인 : 백영자 (1988)

■ 검은 장삼과 붉은 가사의 복장에 나비춤 모자를 쓰고 바라를 들고 춤추는 모습. 바라는 황금빛 놋쇠의 원반이 빛과 소리를 동시에 일으키는 장엄한 악기이다. (『제24회 서울올림픽대회〈폐회식〉』 p.13)

 2-18

의상디자인 : 백영자 (1988)

② 부채춤 의상 디자인화

2-19

디자인 : 백영자 (1988)

2-20

디자인 : 백영자 (1988)

■ 폐회식에서 치마저고리 위에 당의를 입고 부채춤을 추는 모습(『제24회 서울올림픽대회 공식보고서』 제2권 p.128)

2-21

의상디자인 : 백영자 **(1988)**

■ 부채춤 추는 장면(『제24회 서울올림픽대회〈폐회식〉』 p.12)

2-22

의상디자인 : 백영자 **(1988)**

(3) 떠나는 배

환상적인 신비감을 표출하여 헤어지는 아쉬움을 나타낸다. (안무 : 김매자)

① 청삼 디자인화

2-23

디자인 : 백영자 (1988)

■ 장삼을 입고 춤추는 모습(『제24회 서울올림픽대회 〈폐회식〉』 p.14)

2-24

의상디자인 : 백영자 (1988)

■ 청삼과 한삼을 입고 역동적인 몸짓에 따라 표현되는 출렁이는 파도의 흐름 속에 헤어지는 아쉬움을 연출하는 장면(『제24회 서울올림픽대회〈폐회식〉』 p.15)

2-25

의상디자인 : 백영자 **(1988)**

② 깃발 의상 디자인화

2-26

디자인 : 백영자 (1988)

■ 떠나가는 배를 상징하는 깃발과 푸른 파도를 상징하는 청삼의 군무(『제24회 서울올림픽대회 공식보고서』 제1권 p.416)

2-27

의상디자인 : 백영자(1988)

■ 푸른 파도와 같이 흐르는 듯한 한삼과 깃발의 흐름 속에 헤어지는 슬픔을 춤으로 나타내는 환상적인 장면
(『제24회 서울올림픽대회〈폐회식〉』 p.15)

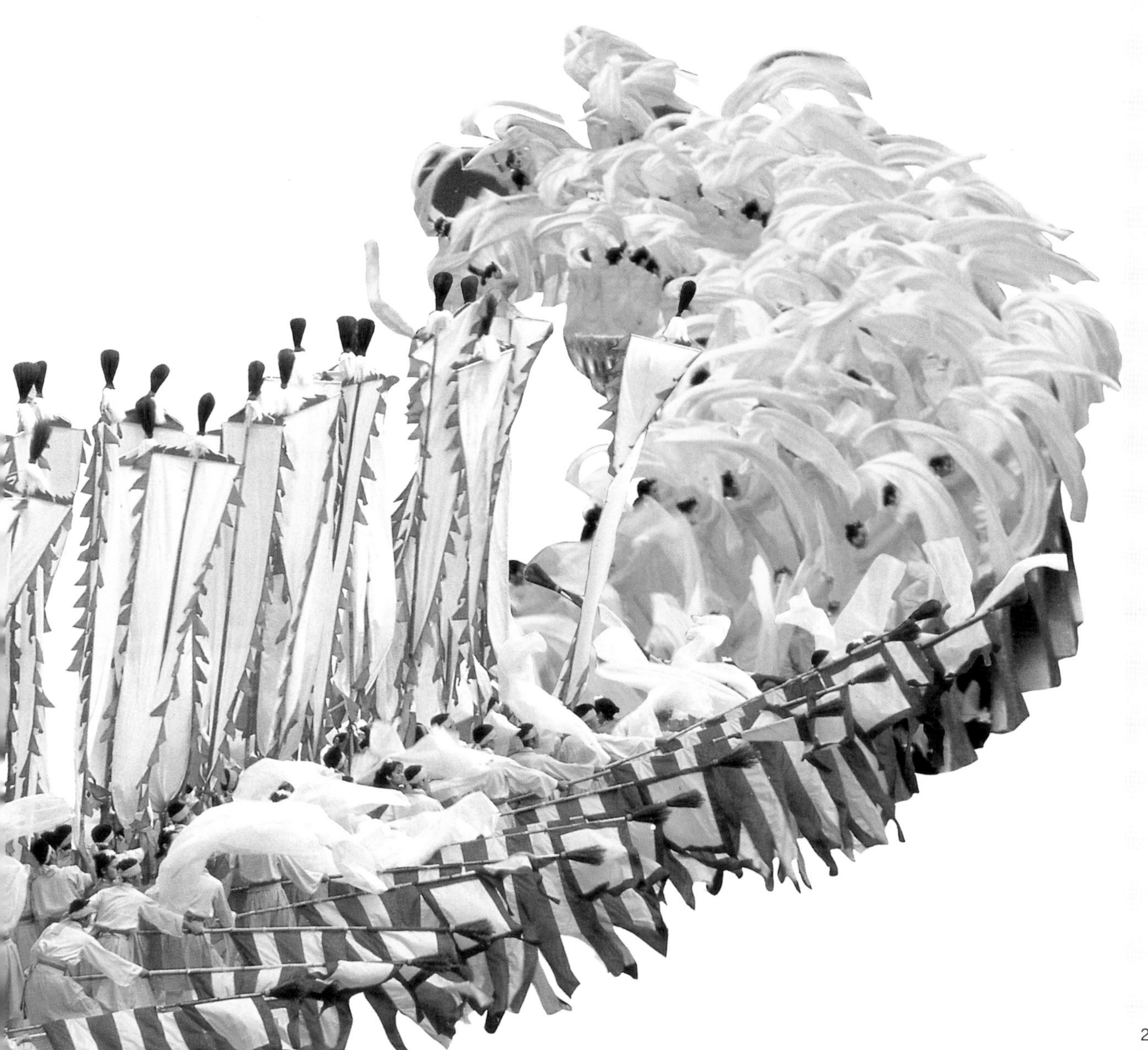

2-28

의상디자인 : 백영자 (1988)

(4) 올림픽기 인도무

스페인의 민속무와 협무하는 것으로, 한국과 스페인의 민속무가 서로 조화를 이루어야 한다. 스페인 민속무복은 검정, 빨강 등의 원색조와 높은 머리장식, 볼륨 있는 360°의 치마 등 멕시코풍이 가미된 의상이 예상되었다. 따라서 종래의 장고춤 의상은 스페인 의상에 비해 볼품이 없는 점을 감안하여 반투명한 흰색의 노방에 화려한 단청무늬를 채색하였고, 폭넓은 소매로 볼륨을 주어 새로운 장고춤 의상을 디자인하였다. (안무 : 문일지)

① 장고춤 의상 디자인화

■ 흰색을 기조로 한 단청무늬채회, 풍부한 볼륨에 가벼운 재질 사용

2-29

디자인 : 백영자 (1988)

■ 『제24회 서울올림픽대회 공식보고서』 제2권 p.133

2-30 의상디자인 : 백영자 **(1988)**

■ 한국 무용의상과 스페인 무용의상의 조화(『서울 1988〈서울올림픽 공식기념 화보집〉』 p.196)

2-31 의상디자인 : 백영자 **(1988)**

■ 『제24회 서울올림픽대회 공식보고서』 제1권 p.416

2-32

의상디자인 : 백영자 (1988)

■ 화사한 꽃잎이 날리듯, 학이 하얀 날개를 퍼덕이듯 디자인한 올림픽기 인도무의 장고춤 의상(『서울 1988〈서울올림픽 기념화보집〉』 p.204)

2-33

의상디자인 : 백영자 **(1988)**

(5) 등불의 안녕

잔잔하고 서정적인 분위기로 아리랑, 강강수월래 등을 선수들과 함께 제창하며 등불의 물결을 만든다. (안무 : 최현)

① 도령 의상 디자인화

■ 바지저고리와 전복을 입고 복건을 쓴 도령 복장

2-34

디자인 : 백영자 **(1988)**

② 규수 의상 디자인화

■ 다홍치마, 노랑저고리의 규수 복장

2-35

디자인 : 백영자 (1988)

■ 등불 의상의 청사초롱(『제24회 서울올림픽대회〈개회식〉』 p.19)

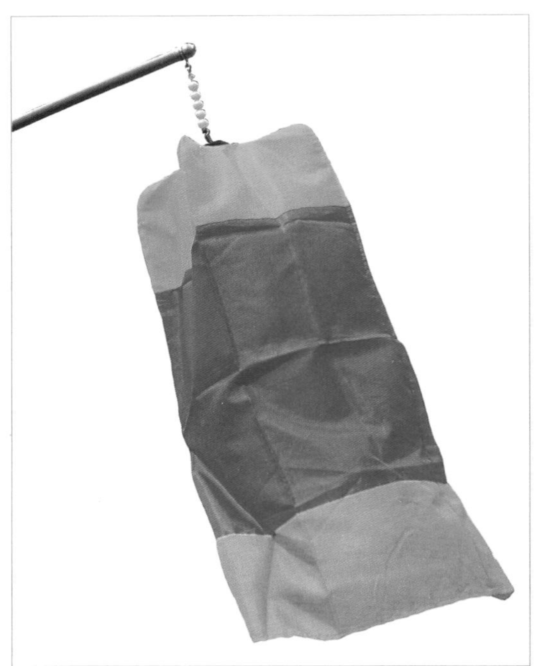

2-36

■ 폐회식에서 등불 의상을 입고 춤추는 장면(『제24회 서울올림픽대회〈폐회식〉』 p.20)

2-37

의상디자인 : 백영자 **(1988)**

■ 등불 의상을 입고 춤추는 도령과 규수의 모습(『제24회 서울올림픽대회〈폐회식〉』 p.21)

2-38

의상디자인 : 백영자 **(1988)**

■ 등불 의상의 어우러짐(『제24회 서울올림픽대회 공식보고서』 제1권 p.416)

2-39

의상디자인 : 백영자 **(1988)**

2. 고리('88 서울국제무용제 ; 서울시립무용단)

■ 작품해설 : 낮은 밤을 향해, 밤은 낮을 향해 간다. 밤은 꿈을 잉태하고 탄생을 준비한다. 낮은 질서와 조화라는 올가미를 마련해 놓고 있다. 삼라만상은 올가미에 얽매이고 지쳐 죽음의 밤으로 향한다. 그러나 죽음의 밤도 '사랑'이라는 만남이 생김으로 해서 탄생의 밤이 되는 것이다.

낮과 밤, 생과 사, 그 윤회의 고리에서 꿈과 탄생이 연루되는 작품 '고리'는 '사랑'의 힘으로 '죽음의 밤'을 이겨 내 빛과 어둠을 이어 주는 이야기이다. (안무 : 문일지)

2-40

2-41

■ **백영자(의상)** : 의상에서는 펑퍼짐한 허수아비식의 느낌을 가지게 하면 어떨까 합니다. 하지만 소희만큼은 보통 사람과는 다른 미물이기 때문에 그 상징적인 면을 고려하여 전혀 다른 이미지를 심어 주어야 하겠습니다. 아울러 가능하다면 소희는 몸을 드러내는 것도 어울릴 것도 같구요, 그리고 국제무용제이니만큼 한국적인 품위를 위해 한복의 악센트가 남아 있는 의상을 생각해 봅니다.

2-42

(1) 소희(여자주인공) 의상

2-43

디자인 : 백영자 (1988)

(2) 한무(남자주인공) 의상

2-44

디자인 : 백영자 (1988)

(3) 군상의 여자들

2-45

디자인 : 백영자 (1988)

제 3 부

전통복식의 재현

1. 출토복식의 재현(1978)

1970년대 초만 해도 조선시대 복식의 역사가 제대로 정립되지 않았었다. 박정희 대통령이 고속도로를 건설하면서 많은 무덤을 이장하게 되어 임진왜란 전 · 후기의 출토복식이 많이 나오게 되었다. 이무렵 출토복식은 수의로 여겨져 일반인들의 큰 관심을 끌지는 못했지만, 이들 출토복식이야말로 조선시대 초 · 중기 복식 모습을 알게 해 주는 중요한 유물들이었다.

출토복식을 조사하기 위해 당시 문화재위원이셨던 김동욱 박사의 추천장을 들고 전국을 순회하였다. 답사지역은 충북대 박물관, 울산 이휴정, 충청북도 청주 청원군 북일면 초정리, 경기도 시흥군 과천면 막계리, 충청북도 청주 청원군 북일면 외남리, 해인사, 충장사, 해남 등이었다.

(1) 경기도 시흥군 과천면 막계리 출토(청주 한씨)

■ 조선 초 · 중기 고증복식 "막계리 출토 청주 한씨" 직금문단치마저고리, 직령포 : 충북대 박물관 소장 당시인 1978년에는 출토된 지 얼마 되지 않아 치마의 포도동자문 직금의 황금색이 매우 선명했다. 현재는 단국대 박물관에 소장되어 있는데, 황금색이 모두 바랜 상태이다.

3-1

출토복식 재현 : 백영자(1978)

■ 포도동자문 직금대란치마와 직금겹저고리

3-2 3-3

출토복식 재현 : 백영자(1978)

3-4

출토복식 재현 : 백영자 (1978)

3-5

출토복식 재현 : 백영자(1978)

(2) 충청북도 청주 청원군 북일면 초정리 출토(구례 손씨)

■ 조선 초 · 중기 출토복식 "초정리 출토 구례 손씨"의 누비창의, 솜저고리, 솜치마, 솜바지 : 당시 충북대 박물관 소장

3-6

출토복식 재현 : 백영자 (1978)

3-7

출토복식 재현 : 백영자 (1978)

3-8

출토복식 재현 : 백영자(1978)

(3) 충청북도 청주 청원군 북일면 외남리 출토(순천 김씨)

■ 조선 중기 출토복식 "외남리 출토 순천 김씨"의 철릭, 모시적삼, 모시치마 : 당시 충북대 박물관 소장

3-9

출토복식 재현 : 백영자 (1978)

3-10

출토복식 재현 : 백영자(1978)

3-11

2. 궁중복식의 재현(1974~1980)

(1) 왕비법복 '적의'

■ 적의 앞모습 ; 모델-미스코리아 김영주

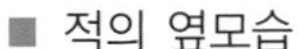
■ 적의 옆모습

3-12

3-13

궁중복식 재현 : 백영자 **(1976)**

■ 적의 뒷모습

3-14

궁중복식 재현 : 백영자(1976)

(2) 황원삼

■ 보를 달고 황원삼을 입은 황후의 모습(협찬 : 유희경)

3-15

궁중복식 재현 : 백영자 (1975)

(3) 활옷

■ 활옷 ; 모델 – 미스코리아 김영주(협찬 : 유희경)

3-16

궁중복식 재현 : 백영자 **(1974)**

3-17

(4) 당의

■ 소례복 당의 ; 모델-미스코리아 김영주

3-18

궁중복식 재현 : 백영자(1975)

(5) 장옷

■ 장옷 ; 일반인과 나인이 착용

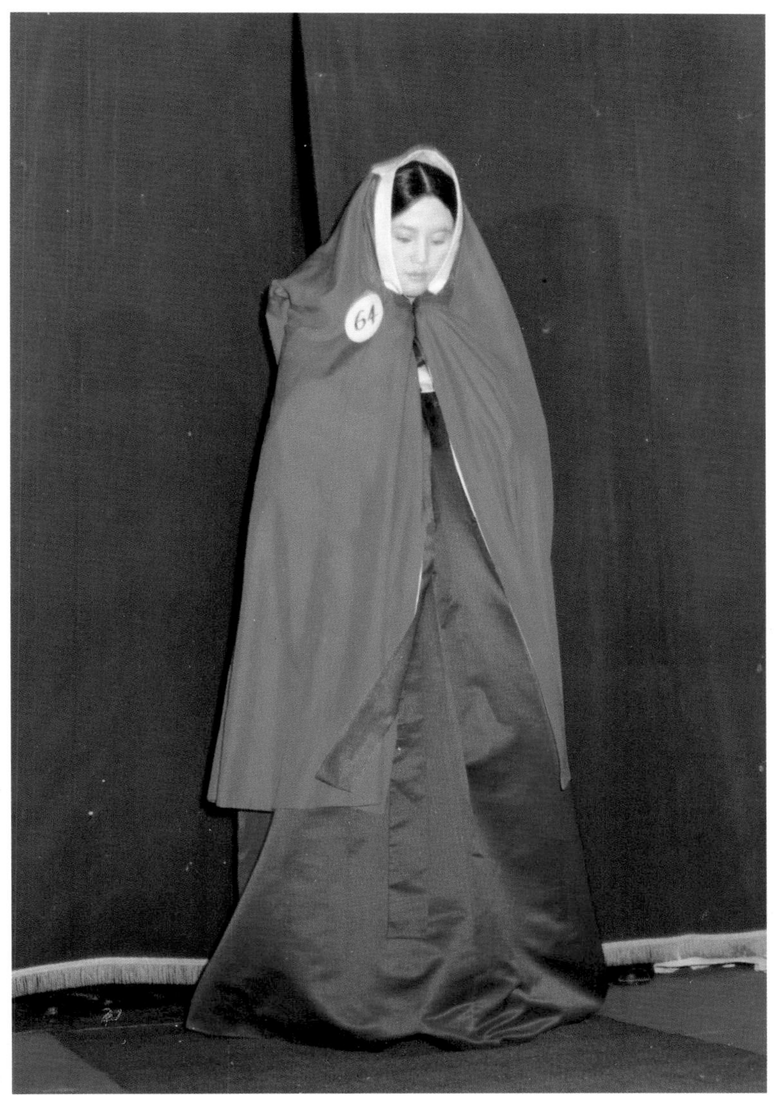
3-19

3-20

장옷의 재현 : 백영자(1977)

3. 전통복식의 재현(1985)

- 한국방송통신대학교 TV 강좌 (KBS 제작 : PD 이원표)
- KBS 청소년 문화 강좌 (KBS 제작 : PD 이원표)

(1) 면복

■ 민속촌에서 촬영한 구장복(협찬 : KBS)

3-21

TV 강좌 – 전통복식의 재현 : 백영자 **(1985, KBS 방영)**

(2) 황곤룡포와 황원삼

■ 황제와 황후의 복식(협찬 : KBS)

3-22

TV 강좌 – 전통복식의 재현 : 백영자 **(1985, KBS 방영)**

3-23

TV 강좌 – 전통복식의 재현 : 백영자 **(1985, KBS 방영)**

(3) 금관조복

■ 양관을 쓰고 적초의를 입은 신하의 금관조복(협찬 : KBS)

3-24

TV 강좌-전통복식의 재현 : 백영자 **(1985, KBS 방영)**

(4) 조선 초 · 중기의 막계리 출토 청주 한씨 출토복식 재현

■ 1978년에 충북대 박물관 답사에 의해 제작되었던 막계리 출토 청주 한씨 출토복식 재현품(p.136 참조)

3-25

TV 강좌－전통복식의 재현 : 백영자 **(1985, KBS 방영)**

(5) 도포

■ 갓을 쓰고 도포를 입은 선비의 모습

3-26

TV 강좌-전통복식의 재현 : 백영자 **(1985, KBS 방영)**

(6) 조선 후기 여자복식

■ 장옷을 입은 여자의 일반복식

3-27

TV 강좌-전통복식의 재현 : 백영자 **(1985, KBS 방영)**

(7) 혼례복

■ 신랑의 혼례복

3-28

TV 강좌 – 전통복식의 재현 : 백영자 **(1985, KBS 방영)**

■ 신부의 혼례복

3-29

TV 강좌 - 전통복식의 재현 : 백영자 **(1985, KBS 방영)**

제 4 부

고증 일러스트레이션

1. 통일신라 복식 고증 일러스트레이션 (1982)

(1) 왕

■ 청금고와 자색포를 입고, 금관과 과대를 착용한 고유 형식의 차림

4-1

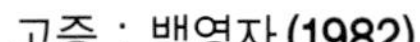

고증 : 백영자 (1982)

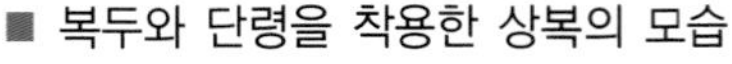

■ 복두와 단령을 착용한 상복의 모습

4-2

고증 : 백영자 (1982)

(2) 왕비

■ 자황포를 입고 표를 두른 왕비

4-3

고증 : 백영자(1982)

(3) 원화

■ 반비를 입은 원화

4-4

고증 : 백영자 (1982)

(4) 문관과 무관

■ 단령포를 입은 문관과 무관

4-5

고증 : 백영자(1982)

(5) 악공

■ 바지저고리 차림의 악공

4-6

고증 : 백영자(1982)

(6) 화랑

■ 색금이 있는 화랑의 바지저고리

4-7 

고증 : 백영자 **(1982)**

(7) 서당

■ 청백 색금이 있는 서당(백제잔민)

 4-8

고증 : 백영자 **(1982)**

(8) 일반 남녀복식

■ 바지저고리에 변을 쓴 남자와, 치마저고리에 바지를 입은 여자의 복식

4-9

고증 : 백영자(1982)

4-10

고증 : 백영자(1982)

(9) 처용무복

■ 동방처용의 모습(1982)

4-11

고증 : 백영자(1982)

2. "옛 사람들" 고증 일러스트레이션 (1999)

'99 강원도 국제관광엑스포 내 한국전통문화체험관

1999년 9월 9일~10월 30일

1) 고구려

(1) 고구려 왕비와 시녀

■ 왕비는 가체를 이용해 머리를 올리고, 이마와 양 옆에 산호 장식을 늘였다. 긴 치마와 넓은 소매의 저고리 위에 진주로 수놓은 반비를 입었다. (고구려 안악 3호분 참조)

4-12

고증 및 일러스트 : 최해율 (1999)

(2) 고구려 왕

■ 금동투각화염문관을 쓰고, 바지저고리 위에 길고 넓은 자색포를 입었다.

4-13

고증 및 일러스트 : 최해율(1999)

(3) 고구려 태자

■ 금제관모를 쓰고, 왕의 것보다 폭이 약간 좁은 포를 입고, 은제 요패가 달린 과대를 허리에 두른다.

4-14

고증 및 일러스트 : 최해율 (1999)

(4) 고구려 공주

■ 양 옆으로 땋아올린 머리에 봉황 비녀를 꽂고, 일정하게 주름을 잡은 치마와 저고리를 입고, 무릎길이의 포를 덧입었다. (고구려 쌍영총 벽화 참조)

4-15

고증 및 일러스트 : 최해율 **(1999)**

(5) 고구려 무동

■ 빗어넘긴 머리를 뒤로 묶고, 저고리와 좁은 바지에 장화를 신었다. 그 위에 무용복으로서 예를 갖추기 위해 짧은 치마와 포를 덧입었는데, 끈의 중첩을 피하기 위해 포의 허리띠는 옆으로 돌려 묶는다. (고구려 무용총 벽화 참조)

4-16

고증 및 일러스트 : 최해율 (1999)

(6) 고구려 무사

■ 작은 금속편을 이어 만든 갑주를 입었으며, 갑옷의 목 부분은 목덜미를 보호하기 위해 높게 만들었다. 발에는 못이 달린 스파이크형 리를 신었다. (고구려 삼실총 벽화 참조)

4-17

고증 및 일러스트 : 최해율 **(1999)**

2) 신라

(1) 신라 여왕

■ 산(山)자형 입식이 달린 외관과 조(鳥)형 장식이 달린 내관으로 이루어진 금관을 쓰고, 수놓은 긴 포를 입은 위에 금제 요패가 달린 금제과대를 두른 모습이다. (신라 금관총 금관, 천마총 과대 참조)

4-18

고증 및 일러스트 : 최해율(1999)

(2) 통일신라 무희

■ 좁고 얇은 저고리에 가슴 아래에서 매어 입는 치마를 입고, 통일신라에서 유행한 얇은 목도리(표)를 둘렀다.

4-19

고증 및 일러스트 : 최해율 **(1999)**

3) 고려(918~1392)

(1) 고려 왕비

■ 보석으로 장식한 화관을 쓰고, 소매가 넓고 긴 홍색포와 치마를 입었다. 그 위에 요군을 두르고, 어깨에는 운견을 착용했다.

4-20

고증 및 일러스트 : 최해율(1999)

(2) 고려 왕

■ 길고 소매가 넓은 포(강사포)를 입고, 목에 방심곡령을 두르고 머리에 원유관을 썼다. (미륵하생경변상도 참조)

4-21

고증 및 일러스트 : 최해율 (1999)

(3) 노국 공주

■ 봉관을 쓰고 홍색 저고리와 치마, 혹은 홍색의 포를 입은 위에 수놓은 반비와 요군을 덧입고 홀을 들었다. (노국 공주상 이모본 참조)

4-22

고증 및 일러스트 : 최해율 **(1999)**

(4) 고려 귀부녀(외출복)

■ 오른쪽 머리를 늘이고, 나머지 머리는 묶어 늘어뜨렸으며, 넉넉한 흰 저고리에 풍성한 노란 치마를 입었다. 금방울과 금향낭을 즐겨 달았으며, 몸을 가리기 위해 머리에 검은 몽수를 쓰고 붉은 한삼으로 손을 가렸다.

4-23

고증 및 일러스트 : 최해율 **(1999)**

3. 조선시대 복식 고증 일러스트레이션 (2004)

1) 조선의 기녀복식

2004년에 개발 · 완성되어 한국문화콘텐츠진흥원에 제출한 기녀복식 고증 캐릭터이다.

(1) 조선 초기의 기녀

■ **조선 초기 기녀의 외출복** : 넉넉하고 덧자락이 달린 긴 저고리, 볼륨이 적은 긴 치마를 입고 주로 상류층이 사용하던 검은 너울을 착용했다.

4-24

고증 및 일러스트 : 최해율 (2004)

(2) 조선 초 · 중기의 기녀(겨울옷)

■ **조선 초 · 중기 기녀의 겨울옷(솜저고리를 입은 시인 기녀 '매창')** : 솜을 넣고 누빈 솜저고리와 솜을 넣어 지은 겹치마를 입고, 토시를 끼고 있다.

4-25

고증 및 일러스트 : **최해율(2004)**

(3) 조선 초 · 중기의 기녀(평상복)

■ **1500년대 기녀의 평상복(기녀 매창)** : 길고 넉넉한 삼회장 저고리, 허리에서 매어 입는 넓은 치마를 입었다. 땋아서 둘러 양 옆으로 늘인 머리와 은귀걸이를 착용했다.

4-26

고증 및 일러스트 : 최해율(2004)

(4) 조선 후기의 기녀

■ **1700년대 기녀의 복장(신윤복의 '미인도'에 나타난 복식)** : 풍성한 큰머리를 얹고, 좁고 짧은 당코깃 저고리, 풍성하게 부풀린 치마를 입었다. 상류층의 장식물인 삼천주(三千珠) 노리개를 달고 있다.

4-27

고증 및 일러스트 : 최해율 **(2004)**

(5) 조선 말기의 기녀

■ **1890년대 관기의 성장** : 연회를 위해 치장한 관기이다. 화관을 쓰고 쪽머리에 큰비녀를 꽂았으며, 수놓은 고이댕기를 드리우고 짧은 저고리에 흰 한삼을 착용하였으며, 다양한 노리개로 치장했다.

4-28

고증 및 일러스트 : 최해율(2004)

2) 조선의 왕비복식

(1) 자적원삼

■ 수문을 금박한 자적원삼, 전행웃치마, 남치마, 홍치마를 갖추어 입고 떠구지머리를 한 왕비복식

4-29

고증 : 백영자(2004)

천국의 또 하루 — 국제 인도주의 봉사자들의 생생한 현장 보고 2004 문화관광부 추천도서

캐럴 버그먼 | 황정일 옮김 | 신국판 352면 | 11,000원

고향에서의 편안한 생활을 마다하고 르완다, 수단, 소말리아, 아프가니스탄 등 전쟁과 자연재해 지역에 뛰어들어 난민들을 위해 봉사하는 15명의 처절하고도 눈물겨운 이야기.

아름다운 이별 — 불치병을 앓고 있는 이에게 평화와 위로를

제니퍼 S. 홀더 외 지음 | 손희승 옮김 | 국판 148면 | 8,000원

불치병을 앓고 있는 가족, 친지, 친구 곁을 지키겠다는 어렵고도 거룩한 결심을 한 사람들을 위한 책. 많은 실화를 토대로 쓰여져 호스피스 실무지침서로 좋다.

결혼 전 잠깐! — 나는 그 사람에 관해 얼마나 알고 있을까?

모니카 멘데스 리히 | 트래니(주) 옮김 | 신국판 336면 | 11,000원

사랑만으로는 부족한 결혼생활 꾸려가기에 대하여 결혼상담 전문가가 완벽하게 정리한 체크리스트 1,001가지. 서로간의 기대와 생각을 정확히 파악하고 이해하도록 해준다.

여보, 리모컨 어디 있지? 우르줄라 오트 | 김성은 옮김 | 국판 190면 | 8,000원

독일의 유명 저널리스트인 저자가 해체 위기에 빠진 가족관계를 행복하게 꾸려가기 위해 알아야 할 남자, 여자, 아이의 속성을 일상의 에피소드를 예로 들어 재미있게 그려내고 있다.

병균으로부터 가족 건강 지키기

케네스 복 외 | 장창곡 · 박병주 옮김 | 신국판 342면 | 11,000원

주방과 식수, 애완동물 관리에서부터 집안 청소법, 공기 전파 병균과 곰팡이, 공공장소에서 병균 피하기, SARS 및 세균테러 대처법, 면역증강법 등을 소개한 전염병 예방 지침서.

가시철망 위의 넝쿨장미 — 여성노동운동가 8명의 가슴 아린 이야기

박민나 | 신국판 308면 | 11,000원

가난과 탄압의 시대에 맞서 신념과 용기로 1970~80년대를 관통해온 대한민국의 딸인 이총각, 박태연, 정선순, 원미정, 윤혜련, 이철순, 박성희, 박신미 씨의 인생 여정.

엽기 · 패러디 시대의 한국문학 박태상 | 신국판 474면 | 14,000원

21세기 한국문학은 과연 어디로 가고 있는가? 1980년대부터 2004년까지를 대상으로 하여 역사와 탈역사로서의 치밀한 텍스트 분석을 시도한 평론가 박태상 교수의 명쾌한 문학비평서!

사진으로 본 일제시대의 잔영

이서규 지음/ 변형크라운판 전면원색 224면/ 11,000원

아무리 참담한 현실도, 그 현실 속의 사람들이 떠나가고 세월이 흐르면 역사가 되고 문화가 된다. 광복 60년에 즈음하여 이러한 흔적을 재조명하여 그 시대의 진실을 되새겨보는 일은 매우 의미 있는 일이다.

사고개혁의 심리학

이토 아키라 지음/ 김소운 옮김/ 신국판 248면/ 9,000원

긍정적 사고와 자신감이 인생의 변화와 성공에 얼마나 중요한지를 강조하는 이 책은, 다양한 사례를 통해 자기계발의 원동력과 변화에 따른 심리적 저항을 해소시킬 수 있는 방법을 터득할 수 있게 해준다.

빅맥이냐 김치냐 — 글로벌 기업의 현지화 전략

2004 문광부 추천도서 / 간행물윤리위원회 추천도서

마빈 조니스 외 | 김덕중 옮김 | 456면 | 16,000원

세계화의 거대한 흐름과 지역정치의 충돌이라는 틀을 통해 세계의 정치 · 경제현상을 여러 사례를 들어 명쾌하게 분석한다.

비즈니스 리더와 성공 (최고는 무엇이 다른가 시리즈 1)

윌리엄 J. 오닐 엮음 | 손정인 옮김 | 신국판 384면 | 12,000원

오프라 윈프리 · 칼리 피오리나 · 잭 웰치 · 빌 바우어만, 월트 디즈니, 마쓰시타 고노스케….
직장인은 물론 청소년들에게도 꿈을 심어 주는 세계적 비즈니스 리더 55인의 성공 비결.

스포츠 리더와 성공 (최고는 무엇이 다른가 시리즈 2)

윌리엄 J. 오닐 엮음 | 이서규 옮김 | 신국판 354면 | 12,000원

호나우두, 칼 루이스, 타이거 우즈, 무하마드 알리, 마이클 조던, 세레나 윌리엄스, 코마네치….
직장인은 물론 청소년들에게도 꿈을 심어 주는 세계적 스포츠 영웅들의 성공 비결.

정치 · 군사 리더와 성공 (최고는 무엇이 다른가 시리즈 3)

윌리엄 J. 오닐 엮음 | 이근수 · 이덕로 옮김 | 신국판 360면 | 12,000원

시저, 대처, 패튼, 파월, 링컨, 만델라, 루스벨트, 바웬사, 처칠, 나폴레옹, 맥아더, 칭기즈칸….
직장인과 청소년들에게 꿈을 심어 주는 세계적 정치 · 군사 리더 55인의 성공 비결.

도대체 나는 뭐가 문제지? — 우화로 읽는 KGO 리더십

라일 서스먼 외 | 신현승 옮김 | 208면 | 9,000원

팀장이자 가장인 주인공 래리가 자신의 문제점을 깨닫고 성공하는 리더로 거듭나는 과정이 흥미진진한 우화로 펼쳐진다.

언스턱 Unstuck — 비즈니스 곤경 탈출 매뉴얼

키이스 야마시타 외 | 윤종기 옮김 | 신국판 194면 | 9,000원

조직에서 당신이 막다른 골목에 다다랐다고 느끼건, 급격한 변화의 시기에 팀을 이끌고 있건 간에 모든 것이 거꾸로 가고 있다고 보일 때 앞으로 나아가게 할 수 있는 근본적이고 간결한 지침서.

버틸 때와 바꿀 때 — 취업 · 전직을 위한 자기진단법

에모리 W. 멀링 | 트래니(주) 옮김 | 신국판 246면 | 10,000원

25년 경력의 전직전문 컨설턴트가 제안하는 자기 주도적 경력관리를 위한 명쾌한 해법서. '돈이 목적이라면 연봉을 많이 주는 회사로 가라. 그러나 성공하고 싶다면 자신에게 맞는 곳을 찾아야 한다.'

마케팅 손자병법

제럴드 A. 마이클슨 외 | 이원기 옮김 | 280면 | 9,000원

세일즈 손자병법

제럴드 A. 마이클슨 외 | 정경희 옮김 | 216면 | 8,000원

위의 두 책은 미국의 마케팅 전문가가 경쾌하게 풀어내는 동양 고전의 지혜.
전략적 사고의 틀 속에서 고객 창출을 위한 마케팅 원칙과, 평생고객 관계 구축을 위한 세일즈 전략을 실제 사례를 들어 설명해 주는, 마케터와 세일즈맨에게 유용한 지침서.